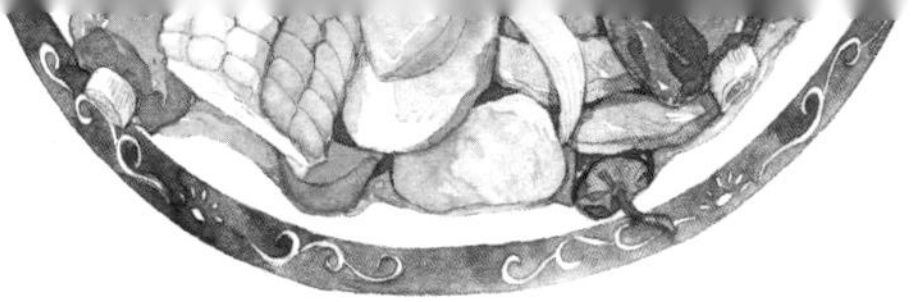

一箸一食

著／梦游兔
编著／吴晓洲

長江出版傳媒　湖北美術出版社

圆的传统美食着手，讲述了一个关于知恩图报的正能量故事，一箪一食里，是永不敢忘的人情之美。

《一箪一食》的绘师梦游兔，是国内水彩手绘圈非常著名的『大大』（网络语，意为厉害的老师）。不同于传统菜谱以写实手法对事物的色泽、味道的细腻描绘，她的画色彩丰富，画面清新，轻盈的水彩在纸间流动，线条质朴，传达出对食物的情感和态度。在她的画笔下，每一道菜肴仿佛正腾发着香气，每一个角色细微的表情，都能引起观者强烈的情感共鸣。

这些奇妙的转化和东方智慧的升华，是《一箪一食》带来的新风尚。新颖的绘本题材，兼具艺术感染力和功能性的传播，让中华的饮食文化得以以一种新的形式传承，不断地滋养和反哺这个古老的民族，而我们的魂与根，则得以深扎于这片华夏土地，茁壮成长。

『民以食为天。』平常的餐桌上，每时每刻都在发生新的故事，人间烟火，由食而生，其中一部分歌颂爱与美的，集结成《一箪一食》里的难忘篇章；讲不尽，细细品。

——编者

序

席上五味，人间百态。

从食物到历史，从陌生到理解，从好奇到感动。与食物密切相关的，是普通人平凡又壮阔的人生。

《一箪一食》里，既有对自然、传统、人性、智慧的热情礼赞，也有对时代变迁的缅怀与思考，这些故事，发生在市井、乡村，正是以民族文化基因作魂，才具有令人动容的情感力量。

一家人，最重要的是一起好好吃饭，这是我们中国人独有的传统饮食文化。透过餐桌上的氤氲香气，能品尝到父母子女之间关于爱与守护的美妙；跨过岁月的长河，弥久不变的美味即是壮阔历史的见证。一道道美食背后蕴藏着的故事，承载的文化、历史，耐人寻味。

每一篇均以脍炙人口的美食命名，每一道食物的背后，又都有一个动人的故事。开篇《鸡汤豆腐串》，聚焦于街头巷尾的流动小摊，心系环卫工的摊主祖孙，大雪中一碗热腾腾的鸡汤豆腐串，平实的美味温暖了看绘本的每一个人；结尾篇《饺子》，从饺子这一象征着家庭团

目录

鸡汤豆腐串

『爱是没有止境的，就像这一碗热气腾腾的鸡汤豆腐串，能驱散冬日的严寒。』

难度指数：

辣　　度：

香料指数：

烹饪时间：约 60 分钟

地　　区：吉林省 – 长春市

食材：

整鸡或带骨鸡肉约200克；干豆腐300克。

配料：

葱、姜、芫荽少许，大料3~4块，蒜一头。

*此外还需要准备竹签或木签若干，
用来将豆腐卷串起来。

鸡汤豆腐串是长春市的一道非常有名气的民间传统美食，制作方法简单却饱含烹饪智慧。

优质的黄豆制成的干豆腐沁满了香醇馥郁的鸡汤，再佐以芫荽与蒜末调味，任何时候品尝都能让人胃口大开。

地超市
十二月网苑
李
鸡汤豆腐串

咦？这么晚还不收摊吗？几乎没有客人了，怎么还要煮这么多？
这几天雪大，环卫工都加班到很晚呢。

大厨
李

忙碌了一天后坐在街头吃上一份热腾腾的豆腐串，加上些芫荽和蒜末，所有的疲惫与寒意都会被驱散。浣熊吴叔觉得街头的美食总是充满无比的诱惑力。

老太太，来几碗豆腐串，加辣。
吴叔留意到老太太给每个人都多加了半份的量。

这天傍晚，吴叔过来吃豆腐串，正好看到老太太的推车坏掉，人摔倒在雪地中。

Step 1.

烹制鸡汤豆腐串需要一只整鸡或带骨的鸡肉，鸡肉带骨切成大块，放入汤锅。最适合熬汤的部位是带骨的鸡胸肉、鸡翅或是鸡腿。

Step 2.

沸腾后转入文火，撇去浮沫后将切好的葱段与姜片，连同大料一起放入汤锅内，继续用文火煨15~25分钟。中途向锅中加入适量的盐与少许糖来调味。

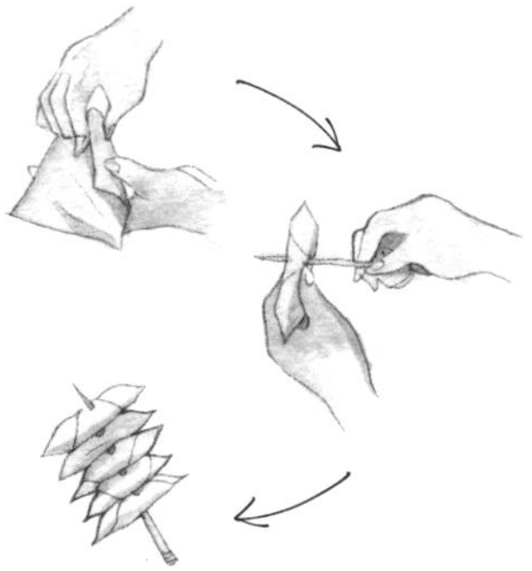

Step 3.

将干豆腐切成正方形。

Step 4.

取其中的一角卷起，接着把它串在竹签上。

Step 5.

串好后放入鸡汤，加入少许料酒，然后盖上锅盖继续用文火烹制约20分钟。干豆腐有细纹和粗纹两种，细纹富有韧性，口感会更好，汤汁也更容易浸润到干豆腐里面。

Step 6.

通常的做法，到此步就可以放上些蒜末和芫荽开吃了，这样的鸡汤豆腐串更为清淡，非常适合冬季食用。小雯告诉我们，奶奶还有更加美味的做法，那就是熏制！

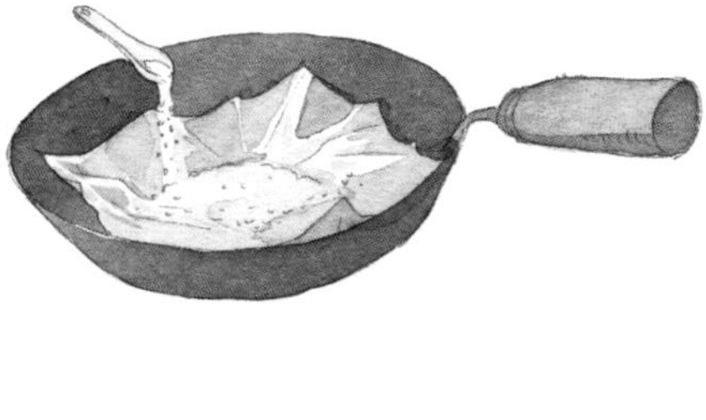

Step 7.

在锅底放一张锡纸，将少许的糖均匀地撒在锡纸上面。

Step 8.

将一个大小适中的屉或架子放入锅内，然后将晾干汤汁的豆腐串均匀地平铺在上面。

Step 9.

待有烟雾升起后盖上锅盖，小火熏制数分钟。此时要记得打开抽油烟机，不然烟雾会弥漫整个房间！熏制的时间越长，熏制的口味便越重，通常5~8分钟已经足够。

放糖的同时，如果能撒上少许干茶叶末儿，熏制出的干豆腐就会带有一丝淡淡的茶香。糖通常选用白糖，黄糖或红糖也可以，会别有一番风味。屉，是一种中餐烹饪工具，它通常用来蒸东西，也可做熏制时的架子。

熏制好的豆腐串可以佐以调料直接吃，也可以放入汤锅中继续以小火炖制约10分钟，然后盛到碗里连汤一起吃。在东北，配豆腐串的传统调料有：蒜末、芫荽、辣椒酱或辣椒油，以及少许的醋。

鸡汤豆腐串

我们带着做好的豆腐串来到街边帮小姑娘和她的奶奶摆摊。有时候能力虽然微薄，但爱是没有止境的，就像这一碗热气腾腾的鸡汤豆腐串，能驱散冬日的严寒。

祝您早日康复，大家都等着吃您的鸡汤豆腐串呢！
这是我吃过的最好吃的豆腐串了！

糖醋排骨

『糖醋排骨，就是要和相爱的人一起吃才好呢。』

难度指数：

辣　　度：0

香料指数：

烹饪时间：约 40 分钟

地　　区：吉林省 – 长春市

食材：

猪肋排。

配料：

料酒、盐、糖、醋、大料、香葱、姜、芝麻。

（传统的陶土砂锅最佳）

香酥金黄的排骨，浇上酸甜可口的浓汁——酸与甜的微妙互融，甜蜜的喜悦和微酸的伤感，满满的生活味道——光是想象，就觉得好美味，太幸福啦！

预

这是一个真实的故事。朋友告诉吴叔，他的餐厅，每年的平安夜，都会有一位特别的客人光顾。

十年前的一次争吵，他与恋人分手，后来，男人每年都会在他们初识的平安夜回到这里。坐在相同的座位，点上一份店内的招牌糖醋排骨。

男人嘛，总是这样，和他聊过，一直在找，就是没找到。
后悔有什么用啊，直接去找女孩道歉呗，重归于好啊……

朋友悄悄告诉我，他们今年为这位男人准备了一份惊喜，一份特别的礼物。

小……
小倩?
当然……
当然是我，除了我还有谁会给你递手帕?

原来，朋友听了男人的故事，就开始留意那个找不到的恋人的消息。幸运的是，多方打听后，居然真的在不久前联系到了那个女孩，而且，女孩也一直未能忘怀，尽管十年过去了，她还是惦记着这个男人。

对不起……
小倩，对不起。
不不……
应该是我道歉才对。

可以吗？这道菜对于我俩而言实在是……意义深重。
嗯！当然可以，我亲自下厨！
这可是浣熊吴叔的独家配方！

砂锅，我国传统的烹饪器皿之一，由粘土、石英烧制而成的陶器。透气，传热均匀，散热慢，最大程度地释放食材本身的鲜香味道，会让食材变得特别松软可口哦。

Step 1.

将排骨切块洗净，加入冷水。再放入两三颗大料，大火烧开。

Step 2.

开锅后撇去浮沫，转文火，加少许料酒，继续炖约30分钟。中途加适量的盐调味。

Step 3.

30分钟后，捞出排骨晾干。排骨汤别倒掉哦，后面做糖醋汁会用到，也能作为高汤用来做其他美食呢。

排骨汤

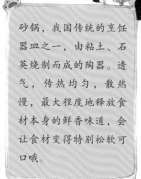

Step 4.

上煎锅，油热后转小火，放葱丝、姜丝。用小火将排骨煎到两面金黄色就可以了。

Step 5.

炒锅热后，调到中小火，倒入适量排骨汤，加适量白糖，开熬！用勺子不停地搅拌，等到糖汁变得粘稠，泛微微金黄或红色就好了。

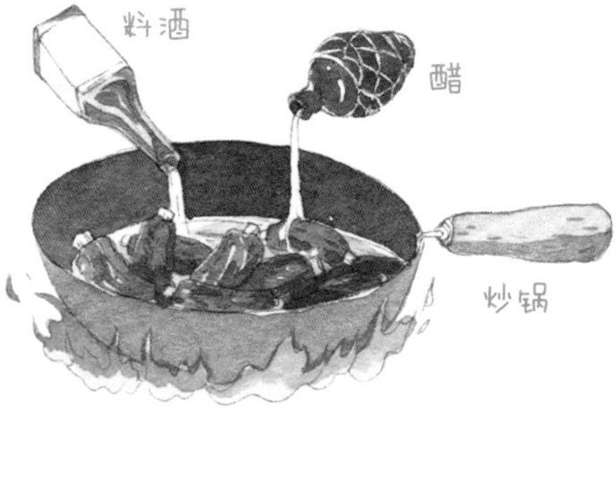

Step 6.

调到中火，放入排骨，翻炒一两分钟，记得加入适量的醋和料酒调味。

做糖醋排骨的醋，最好能选用香气浓郁的老陈醋或自制香醋，会更有风味呢。当然，也可以试试DIY不同的醋汁和香料，给心爱的人一个大大的惊喜吧！

酸甜美味的糖醋排骨就做好啦！再撒上芝麻、香葱，喜欢迷迭香或芫荽，也可以试一试，别有风味哦。

原来，十几年前他们初次相识的那顿晚餐就是在这家店里，后来他们也常来这里吃饭，那时他们俩还是一对儿无忧无虑的大学生情侣。

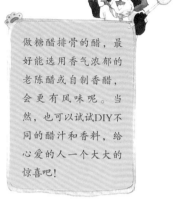

可是毕业前的一次争吵后，他们分开了。其实两个人当时都在等着对方的道歉与挽留。但彼此却谁也没有先说出口，就这样失去了十年。

年轻人，要勇敢地抓住来之不易的爱情啊！

糖醋排骨，就是要和相爱的人一起吃才好呢，你喜欢甜一点，我喜欢酸一点，才是爱情和生活的真实味道呢！

对……
对不起。
没关系！我想其实该说对不起的是我！

鸳鸯蛋

『两种完全不同的火花碰撞到一起，也会成别样的风景。』

难度指数：

辣　　度：0

香料指数：

烹饪时间：约 30 分钟

地　　区：吉林省 – 长春市

食材：

鸡蛋、肉馅（猪肉、牛肉均可）。

配料：

香葱、姜、香菇、料酒、盐、面粉和淀粉。

鸳鸯蛋源于18世纪的齐鲁地区，曾经作为宫廷菜跻身于皇家食谱，随着闯关东的人们扎根于东北并延伸出独特的烹制方法，后因其吉祥喜庆的寓意广为流传，尤其受到婚礼等吉庆筵席的欢迎。

姐妹厨房
姐妹

每逢傍晚，这家小餐馆门外都会排起长长的队伍，据说是由一对儿双胞胎姐妹经营，菜品堪称当地最好的味道。

味道棒极了，能否和你们店主聊一聊呢？
好的，先生。

我点了最负盛名的“鸳鸯蛋”，据说是店主私家特制，果然让人十分惊喜！

原来您就是云游美食家吴叔，得到您的欣赏真是我们的荣幸。
不知能否再多了解下这道菜？

我们小时候关系可不像现在这样融洽。哈哈，妈妈都怀疑我们是不是双胞胎。

有一天，妈妈叫我们到厨房，分别给了我们一篮鸡蛋，一块肉，吩咐我们做一道菜，“肉里面看不见鸡蛋，鸡蛋里也看不见肉，吃起来既要有肉又要有蛋”。

我们试了很多办法，后来发现这道菜几乎是不可能完成的，除非……

瞧，你的肉馅不太好是因为搅拌得不到位，这样搅才行。
啊？是这样子吗？

这可是我记忆中姐姐第一次让着我。

这回一定可以！
嗯！

Step 1.

将鸡蛋煮好，去壳后对半切开备用。注意鸡蛋要煮至蛋黄变硬才行。

Step 2.

香菇、葱、姜切碎成茸状。牛肉做馅还可以加点洋葱丁。

Step 3.

将辅料放进肉馅，加料酒、酱油、胡椒粉调味，再加少许淀粉，也可加少许蛋清让肉馅口感更弹嫩。

Step 4.

开始搅拌，直至肉馅上劲，变得紧致有弹性，约十多分钟。特别注意：匀速顺时针搅拌的馅料味道会更好。觉得馅料有点干不容易搅拌，可以酌量加清水，别放油哦，油不能黏合肉馅和鸡蛋。

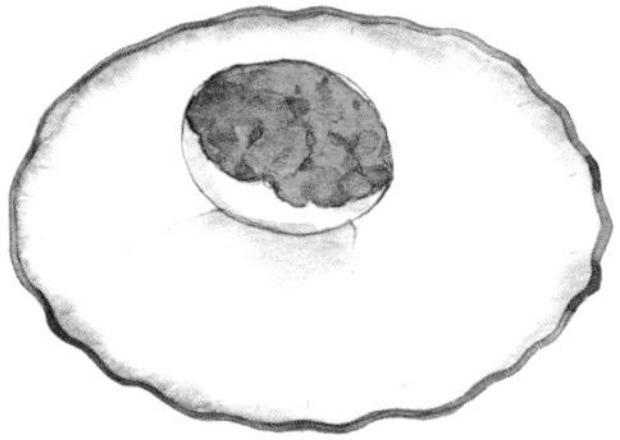

Step 5.

搅拌好的馅料酿入备好的鸡蛋，轻轻地团成一整枚。

Step 6.

将干淀粉（土豆淀粉最佳）倒入碗中，接着轻轻翻滚酿好馅的鸳鸯蛋，使其均匀地裹上一层淀粉。

Step 7.

油烧至六七成热，油温不能过高，火候要掌握好。放入鸳鸯蛋，中小火烹炸至金黄。

很多年后，我们俩继承了妈妈的店铺，更名为“姐妹厨房”。店子一直开到现在，只想让更多的顾客品尝我们妈妈的味道。

不同的人，总会有不同的见地，难免有争执与异见，争执不休还是彼此体谅全凭个人选择。有时两种完全不同的火花碰撞到一起也会成为别样的风景。

祖母的农家烩菜

『最温暖的，莫过于和家人一起下厨享受做饭的乐趣，再围坐在一起分享家的味道。』

难度指数：

辣　　度：

香料指数：

烹饪时间：约 60 分钟

地　　区：吉林省 – 长春市

食材：

约300克的猪肋排、两枚土豆、一根胡萝卜、几块洋葱、一根玉米、约200克的豆角。

配料：

老抽酱油、黄酒、盐、糖，姜片、葱段，香叶少许、茴香少许、干辣椒少许、大料四块。

这是一道传统的秋季菜品，它热情洋溢的味道与丰富的食材，就像是秋日的晴空与温暖的阳光下丰收的田地，饱含了人们对丰收的喜悦。

祖母是一位受学生们爱戴的小学教师，她总是把学生们当成自己的孩子来对待，课下学生们都称她“杜姥姥”。寒暑假，一些学生家长由于工作繁忙没有时间来照料自己的孩子，也会把孩子送到祖母这里。祖母总是不辞辛苦地陪伴他们学习、游戏，还会教给他们一些生活与家务的常识。

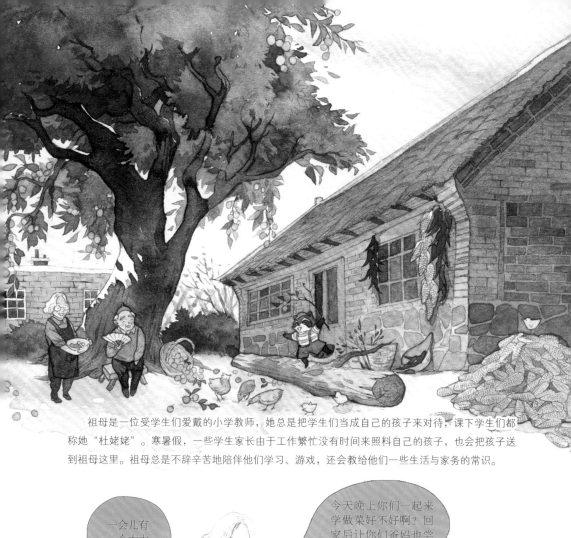

祖母告诉我，做饭不仅仅是要把饭菜做熟，想要做得好吃，必须把自己对家人的爱融入进去，这样菜会带着家的独有味道。

那是一种我至今难忘的味道，是祖母对家人，对她的学生们满满的爱——祖母的农家烩菜，那是我第一次体会到做饭的乐趣，也是第一次了解到与家人一起吃饭是件多么重要的事。

Step 1.

先把排骨放入冷水中煮开，撇去浮沫后，再将切好的土豆块、胡萝卜、姜片、葱段、玉米段和豆角一起放入锅中烹煮，注意这时锅中的水位要刚好没过蔬菜，再次沸腾后，加入两颗大料，将火调至中小火然后继续炖制约20分钟。

熊猫先生的秘诀：在关东菜肴的烹饪中，没有哪样调料是必不可少的，同样也没有哪种调料是完全不可以放的。在这道菜中，推荐的调料有姜、葱、大料、料酒，而香叶、茴香、干辣椒则可以依您的口味来决定是否添加。老抽酱油如果不易购买，那么深色的日本酱油也是不错的选择，老抽酱油在这道菜中扮演着丰富味道和调色的作用。当然，您也可以试着用传统豆瓣酱来代替酱油和盐，菜肴将拥有更加别致的味道。

Step 2.

将食材捞出放入盘中备用，并拣出葱段、姜片和大料，之前的汤不要倒掉，因为在接下来的烹饪中它将起到神奇的作用：一方面饱含了各种食材味道的肉汤会大幅提升菜品的味道，另一方面还可以防止干锅。

Step 3.

锅中放入油，并在油刚刚烧热时，把火切换成中火，放入葱段、姜片与大料翻炒几下至香味溢出，这时再将黄酒倒入锅中（如果想要让菜品有浓郁的酱香味，可以在此步骤前倒入约10ml的酱油一起翻炒，随后再倒入料酒），这种工序在中餐料理中叫作“炝锅”，目的是让食材拥有更浓郁的底味。

Step 4.

将刚才捞出备用的食材倒入锅中，加入少量的老抽调味上色，用中火小心翻炒60秒，让食材均匀包裹上调料汤汁，并注意防止干锅。

Step 5.

再将刚才的肉汤倒入锅中一些，大约500ml~600ml，注意此时的汤不宜过多，只需保证菜品在烧制的过程中有足够的水份而不会干锅即可。待锅沸腾后，转入小火，加盖炖制约20分钟，并注意适时开盖翻炒一下以免干锅。

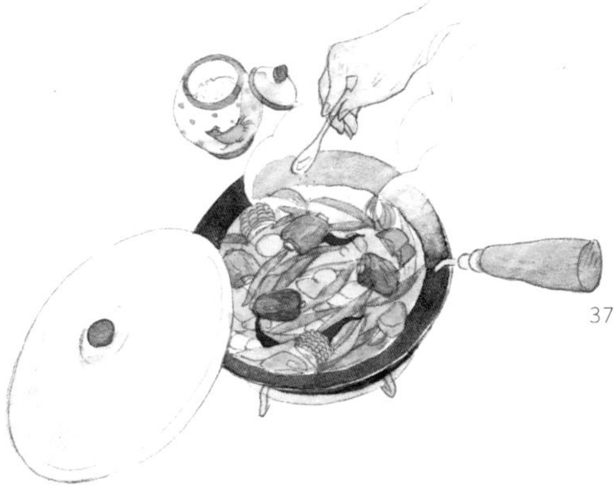

Step 6.

20分钟后，汤汁浸润到食材中。调大火，翻动锅内的食材，放入适量的糖来调味。依口味淋些许酱油，也可适当加些黄酒提鲜。注意翻动食材以免干锅，最后关火收汁（通常只保留很少的汤汁）。

如果您想做一手地道口味的中餐，建议您购买一只大小适中的中式炒锅，那是烹制中餐最为基础的工具之一，可以很好地配合中餐烹饪的食材及技法，这种锅虽然叫作炒锅，但实际上它既能炒也能炸，还可以炖。炒锅的大小通常选择30cm或32cm直径大小的较为合适，别忘记再为它配上一顶大小合适的锅盖。

嗯！一道美味的农家烩菜就做好了！您还可以在做好的烩菜上，撒上些碎芫荽和葱末，这样味道就更别致了。

尽管现在各种美食大赛盛行，实际上对于美食本身，并没有“最好”的标准。就像祖母说的，将对家人的爱融入食材之中，用心料理，最简单的菜肴都会带着独有的味道。最温暖的，莫过于和家人一起下厨房享受做饭的乐趣，再围坐在一起分享家的味道。而岁月会帮助我们永久存留这些珍贵时光。

吃完饭我带你们去抓蛐蛐！
几十年了，每次做这道菜，都能想起好多年轻时候的事啊。
我说老伴，以后你又能多想起一些事了，咱们的小孙子可是比刚来的时候快乐多咯！
哈哈“大大的惊喜”就是咱们一起做的这道菜！真是太开心了！

澡堂老板的大炖菜

『总有一天，咱们会再相聚的。』

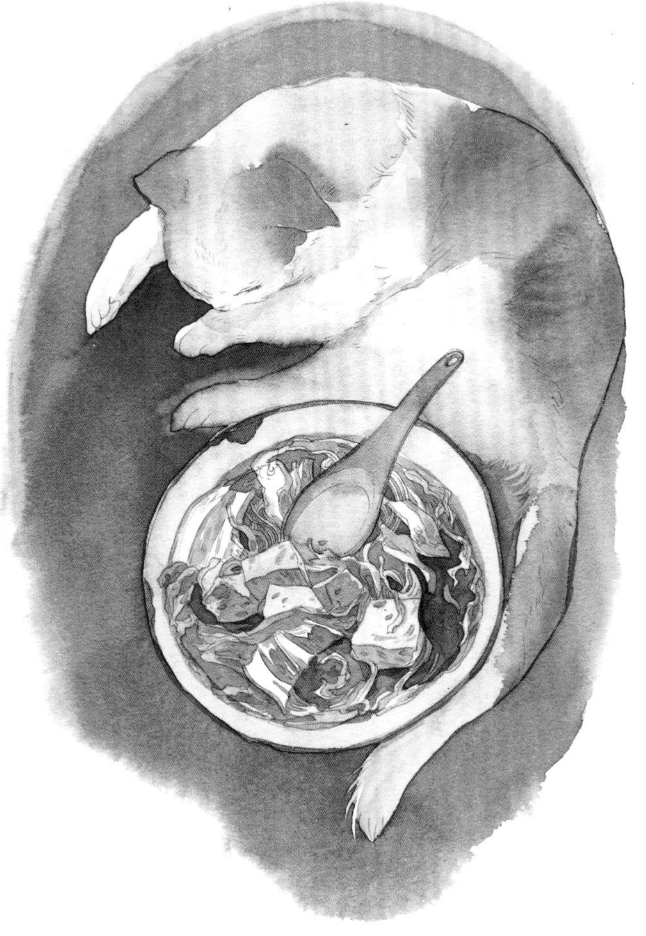

难度指数：

辣　　度：0

香料指数：

烹饪时间：约 50 分钟

地　　区：吉林省 – 通化市

食材：

酸菜、五花肉、冻豆腐、土豆、宽粉条。

配料：

花椒、辣椒、姜、料酒、白胡椒粉。

东北炖菜，也许最能体现东北的烹饪特色，朴实、简单、原汁原味。既融汇了作料的馨香，又最大限度地保留了食材的原味与特色。就像是一种生活态度，淡泊了名利与财富，在平静与淡雅中品味生活的乐趣。

咦，这是谁的大尾巴？

北方漫长而寒冷的冬季，在公共浴池里泡个热水澡是最惬意不过的事了。记得小时候这种传统的公共浴池还很多，如今越来越少，取而代之的是那些有着奢华装修和现代化设备的洗浴中心。

我闻到了一股熟悉的香味，似乎是炖菜的味道，

还有，呃……猫叫？！

……天花板上有猫？
嘿嘿，老王头，快和这位浣熊兄弟讲讲你的那些猫！
嗯嗯，说到这些猫，可就有趣了。
爷爷！他是小熊猫啦，不是浣熊！

沙沙沙！
喵～

“它们可能是循着通风管道的热气钻进来的，开始只是在夜晚能听到些声音。”澡堂老板讲道。

“后来，有天夜里，它们像下饺子似的从天花板上“噗通噗通”掉下来了，大概是挤在上面的猫太多太重了吧。嗯，也难怪，这么冷的天，它们也想找个暖和的家不是。”

于是澡堂老板便把猫咪们都留了下来过冬。他说他和老伴没有孩子，而这些猫就像他们的孩子一样。不过他也清楚，等天一暖和这些猫们便会各奔东西。

Step 1.

酸菜是这道菜的关键所在，要选取腌渍的上好酸菜，热水焯好并攥干。

Step 2.

用油煸香大料花椒，再放入酸菜翻炒片刻，盛出备用。

（可用黄油和黑胡椒来炒酸菜，又将是另一种别致的风味！）

Step 3.

在砂锅内放入凉水（鸡汤、骨汤更佳）、姜片、五花肉片，大火烧开。

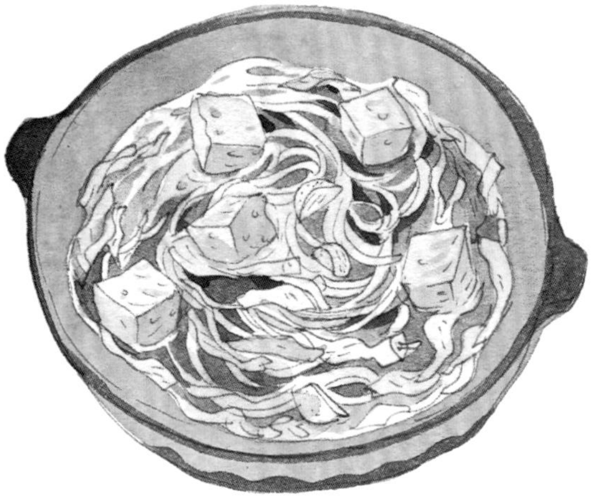

Step 4.

锅开后，放入备好的酸菜、土豆和冻豆腐，转文火炖制。可加适量辣椒调味。

冻豆腐，东北地区特有的一种食品。北豆腐经过低温冷冻后形成蜂窝状的多孔结构，这样的豆腐炖汤时可以吸入更多的汤汁，口感也会变得更加弹韧。

Step 5.

文火炖制20分钟，放入粉条、料酒、盐和适量白糖，继续炖制10分钟。

嗯，就是这样啦！出锅开吃！我记得老班长他还喜欢放一些白胡椒粉来调味。

哟，老王，你今天又做老班长的亲传啦！
来来，老王头咱们喝两盅，给我讲讲你身上那几处弹孔吧！
臭小子，那有啥好讲的！快，让小翠把这份趁热给我老伴送去啊！

唉，我猜这些臭猫孩子等来年天一暖和就都要走了！
跟当年战场上的那些老骨头们一样，再也见不到了。
奇怪……我这眼睛怎么进了沙子似的呢。
别那么伤感，也说不准它们会时不时地回来看您老呐！
哎呀，该走的留不住，该留的走不了！操那份儿心干吗？

人民浴池
通知
哈哈，这些臭猫孩子，我就知道你们会回来看我的！
唉……老战友们，嗯，你们是不会回来啦……不过总有一天咱们会再相聚的。
理发店

烩碗儿

『选择善良无疑将是喜乐且充实的。』

难度指数：

辣　　度：

香料指数：

烹饪时间：约 40 分钟

地　　区：辽宁省－辽阳市

食材：

高汤、干黄花菜、干香菇、干黑木耳、干贝、干虾仁、鸡蛋、洋葱、火腿丁、土豆和胡萝卜。

配料：

葱、姜、淀粉、酱油与料酒。

烩碗儿，源于满族最高筵席中的八珍，是关东八碗中的一道菜品，也是清乾隆年间满汉全席上必不可少的美味。随着岁月的流逝，如今的烩碗儿渐渐消逝在喧嚣的都市中，已经很少有人记得它曾是一道上到皇宫，下到庶民都喜爱的美食。正所谓食不论出处，人不分贵贱，总有一种味道能抹去世俗的偏见，化掉人与人的隔阂。

在那个兵荒马乱的年代，在闹市街头一家新开饭店的对面总是坐着一个老乞丐，没人知道他从哪来，也没人知道他究竟要在这里待多久。

一些人对店掌柜说店铺门口有个乞丐会有碍风水，让他赶快撵走这个老头儿，可掌柜却觉得世道艰难，乞丐也不容易，非但没有撵走他，反倒每天都施舍给他一些零钱，再加上一份店里的招牌菜——烩碗儿。

掌柜的生意越做越红火，可他始终没忘记每天给乞丐盛上一碗烩碗儿，再给几枚铜板，就这样日复一日地过了一整年。那年的除夕夜，掌柜将乞丐请进了饭店。

我今儿可是亲自下厨做了好菜！
来，这么大的雪，快进屋子里来暖和暖和，一起喝几盅酒吧！

起初老乞丐只顾吃饭喝酒，几杯酒下肚后终于开了口。原来他年轻时被抓去充军，打完仗升了官，回到家中却发现家中老小已死于饥荒。老乞丐说，他一生历经坎坷，早已万念俱灰，看尽世间冷暖，只想在流浪与乞讨中度过余生。而掌柜，是他几十年的流浪生涯中遇到的唯一真正关心他的人。

你以为这个世界上好人多？呵呵，那为什么老夫这几十年来见到的尽是些尔虞我诈、自私、贪婪与冷漠呐？
哪管什么穷人、富人，庶民、官宦，哼哼，全都一个样。
人可选择恶，也可选择善，虽说人各有命，但命不分高低贵贱，
皆因人之选择决定了命的归宿。

战火最终还是蔓延到了他们的城市，乱军以子虚乌有的罪名将掌柜一家从饭店赶了出来，家产全部充公。在冰冷的枪口下，掌柜忍气吞声，带着一家老小流落街头。

无奈之下，掌柜一家只好背井离乡另寻生计。然而正当他们在寒风中蹒跚而行时，老乞丐追了上来。

他们走了很远很远，来到了一座远离战乱的安逸小城，用老乞丐的钱在这里重新开了一家小店，新店取名“和平饭店”。虽然远没有之前那样气派豪华，但也足够让一家人维持生计，重新开始。

新店开业了，店虽小却依旧生意红火。店招牌“烩碗儿”很快就传遍了小城南北。

Step 1.

做烩碗儿，首先需要制备汤，用文火熬制4小时以上的鸡汤最好，清水替代也可。

Step 2.

干黄花菜、干香菇、干黑木耳、干贝与干虾仁用热水泡发约2小时。

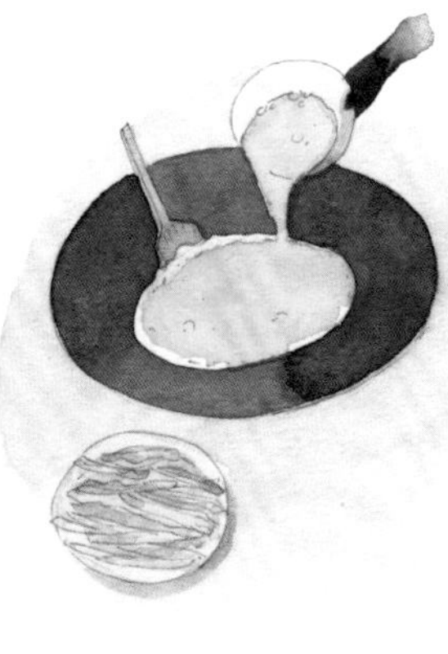

Step 3.

将锅底涂油并小火烧热，接着将搅拌均匀的鸡蛋液缓缓倒入，薄薄地摊在锅底，之后盛出切条备用。

Step 4.

土豆、胡萝卜与洋葱切丁，炸至金黄以备用。

Step 5.

用葱、姜、酱油与料酒炝锅，放入火腿丁，中火翻炒1分钟。

唉，老婆还在的时候都是她下厨，我这一辈子都没做过饭，原来做饭还真有点意思啊！

Step 6.

将制备好的蛋皮儿、土豆，以及泡发好的干贝、香菇等食材一起放入锅内，加入高汤或清水，中火烧开。

Step 7.

待锅烧开后关火，然后取淀粉用清水调匀后均匀地倒入锅中，轻轻搅拌直至汤变得略显浓稠。

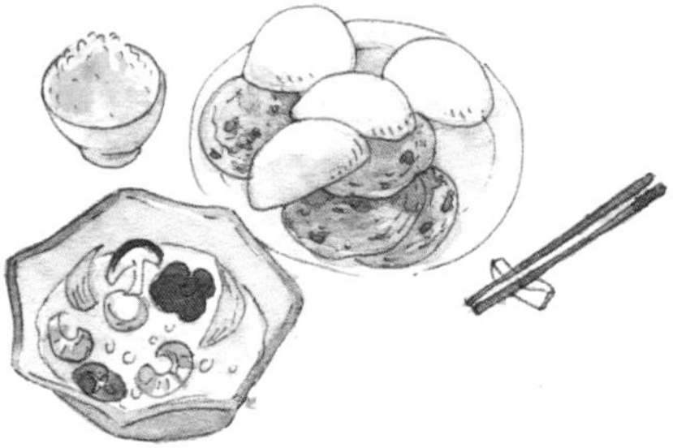

Step 8.

一道有着数百年历史的美味就做好了！无论浇饭、蘸饼或者直接喝汤，都别有一番风味。

凭借祖传的厨艺与良好的信誉，没过多久吴掌柜的和平饭店又一次成为全城老少津津乐道的去处。一点小小的善意，一桩小小的善行，也许就可以改变人的一生。如果每一个选择都决定着我们生命的轨迹，那么选择善良无疑将是喜乐且充实的。

查干湖炖鱼

『无论有着怎样的忿恨，唯有宽容与谅解才是最圆满的结局。』

难度指数：

辣　　度：

香料指数：

烹饪时间：约 50 分钟

地　　区：吉林省 – 查干湖

食材：

鳟鱼 、鲑鱼、鲤鱼、鲫鱼等（淡水鱼皆可），豆腐、东北宽粉条、把蒿、芫荽。

配料：

东北黄豆大酱、辣椒、姜、糖、酱油、烧酒以及香油。

查干淖尔，在蒙古语中意为白色的湖。长久以来，查干湖在漫长的严冬中为周边的居民提供了赖以生存的食物，在当地人的传统信仰当中有着崇高的地位。

冬捕，这是一项北方民族延续了千年之久的古老渔猎方式。每逢隆冬时节，在冰封如镜的湖面上举行传统的祭祀仪式后，村中的男人们便在渔把头的带领下，在厚厚的冰层上凿眼拉网，俨然成为当地冬季的一道景观。

甭听他的，你爹其实也惦记你们，总托我家二小去城里打听你们呢！
唉，你老爸的倔脾气是全村出了名的，在他眼里没别的，只有鱼！

小年的那天晚上，渔把头多年未见的儿子带着妻女回到老家。

老头子，你倒是快看看呐！刚才你不还念叨着儿子嘛！儿子儿媳带着咱们小孙女回来啦！
……奶奶好。
爸，妈！

你爷爷准是又惦记着他的鱼呢！
爷爷，你和爸爸怎么不说话呀？是生气了吗？

鱼？什么
鱼？！

冬捕的日子到了。

嗯，你们可注意安全啊！
哎呀，老李头、王大哥，你们咋也来了？
如今年轻人都出去打工了，我们这些老头子要不上手，你还不得喝西北风啊，哈哈！
你和妈在家，我去给咱爸搭把手。

爷爷！爷爷，我也要去帮你们捕鱼！
好丫头啊！比你爹有胆子！

寻找冰下的鱼群需要丰富的经验与敏锐的直觉，稍有不慎就会让努力付之东流。渔把头凭着祖上传下来的经验与秘诀，捕鱼几十载还从未失手过。

爷爷！
爷爷！！
快趴下
别动啊！

老三，赶紧回
村里喊人去！
这下面没有
啊！再去那
边找找看！
我把小鱼给爷爷
看，他说自己是老
糊涂，当初被你给
骗了，然后就……

唉，这人都没
了，还哪有心下
什么网呐？！
哎呀！赶紧下
网呐！下面的
鱼可老多啦！

可冻死我了！我说你们还愣着干啥？！赶紧给我拿件衣服，我就说嘛，这下面密密麻麻的都是鱼啊！

正当众人伤心欲绝，以为再也见不到渔把头时，老头儿却一面吆喝着一面从不远处的另一个冰窟窿里爬了出来。

臭小子啊！大老爷们儿可别哭哭啼啼！老爹比你还硬实，哪能轻易就不行了呢！
哈哈，这老头子今天总算开窍了。
爸！爸！快别说了，都是当初我不懂事……
爷爷！

Step 1.

把鱼洗净，去掉内脏与侧线，取葱姜塞入鱼腹备用。把油烧热，放入少许把蒿、葱、姜、大料、蒜末炝锅，接着放入黄豆大酱煸香。

Step 2.

在锅中加入适量清水、酱油、烧酒、糖，大火烧开，然后放入鱼。

放把蒿是为了除去淡水鱼的土腥味，这是关东的烹饪中独有的调味方法。如没有把蒿也可用芫荽来替代，别有一番风味。

Step 3.

待汤烧开后，转入中火，将把蒿放在鱼身上，期间需不时地将汤舀起浇在鱼身上以确保既入味又不破坏鱼的鲜嫩，持续约10分钟。

Step 4.

转小火，加入切好的豆腐、粉条，继续炖制约15分钟。

地道的农家炖鱼做好了，别忘记出锅前淋香油，去掉把蒿，再撒些芫荽末。

亲人、友人抑或恋人，生活中都难免会有矛盾与分歧，但无论有着怎样的忿恨，唯有宽容与谅解才是最圆满的结局。

锅包肉

『忘掉那些细节，一心去想着做一道美味。』

难度指数：

辣　　度：0

香料指数：

烹饪时间：约 40 分钟

地　　区：黑龙江省 – 哈尔滨市

食材：

猪或牛的里脊肉约300克，胡萝卜一小根。

配料：

淀粉、葱姜少许，米醋、糖、料酒以及酱油。

★醋的选择很重要，最好能用新鲜酿造的米醋或葡萄醋，注意一定不能选择味道过于浓郁的老陈醋。

锅包肉，是一道有着百年历史的东北特色美味，出自哈尔滨道台府人称“郑一品”的郑兴文大厨之手。它极巧妙地融汇了中西方烹饪文化的精髓，外酥里嫩，酸甜可口。尽管历经百年，烹饪技法已有了很大革新，但烹制一道完美的锅包肉至今依然充满挑战，即便是厨艺老练的大厨师也会对这道菜心存敬畏。毕竟制作这样一道菜，总是会有秘方的嘛。

我的好友宫崎先生住在北海道，他是位画家，凡事都很认真，希望什么事情都能做得尽善尽美。然而最近他在创作时却遇到了困扰：尽管他费尽心血，但依然无法创作出一幅满意的画作来参加一年一度的画展。于是他决定离开几天，去中国旅行一趟，找老友叙叙旧，换换心境。

宫崎很喜欢中国北方的冬天，他说这让他忆起自己的童年。我们在老城区走了整整一个下午，不知不觉肚子已经很饿了。

你们的招牌菜是锅包肉？！好好，那就选这个！
我也喜欢，不过这可是道非常考验厨艺的菜肴。

宫崎说他很想尝尝锅包肉，他的爷爷在20世纪80年代访问中国时，对道台府的锅包肉有着极为美好的记忆。过去常听他老人家说，锅包肉好吃得让人仿佛回到了快乐的童年！

太让人失望了！想不到竟然是这样平淡无奇！
哎呀，真抱歉啊！虽然是第一次做，但我可是严格遵循着师傅的步骤，而且用的都是最好的食材呢！
一定是师傅还有什么秘方没有告诉我！
我们的口味可能有些挑剔，可作为招牌菜，这个确实有点逊。

店老板是位温文儒雅的大叔，他来到桌边，默默地尝了口小厨师做的锅包肉，然后决定亲自下厨为我们再制作一份。

噢？在日本喜欢做菜的丈夫可是不多呀！欢迎欢迎，里面请！
其实我在家中是非常喜欢烹饪的，如果您不介意，可以和您去学习下吗？

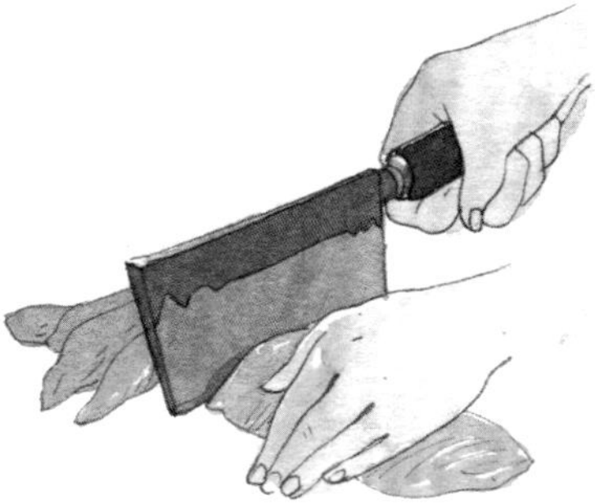

Step 1.

选取上好的里脊肉，切成大约与刀背厚度相仿的薄片，然后放入清水中浸泡约1小时后捞出沥干备用。

哈哈，您是不是觉得胖厨师都有烹饪秘方啊？
您长得就像做菜很好吃的样子啊！

Step 2.

将少许的料酒与盐放入浸泡好的里脊肉片中抓捏均匀，腌制约20分钟。

Step 3.

与此同时，往淀粉中倒入清水泡发约20分钟，然后倒掉上层的清水留下泡发好的淀粉。

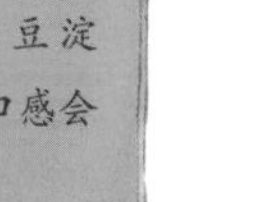

小贴士：淀粉最好能用土豆淀粉，这样口感会更加酥脆。

Step 4.

将腌制好的肉片放入泡发好的淀粉中，用手轻轻抓捏均匀。

Step 5.

油烧至七成热时，将肉片逐片放入锅内炸制，直至肉片表面发泡浮起，盛出以备用。

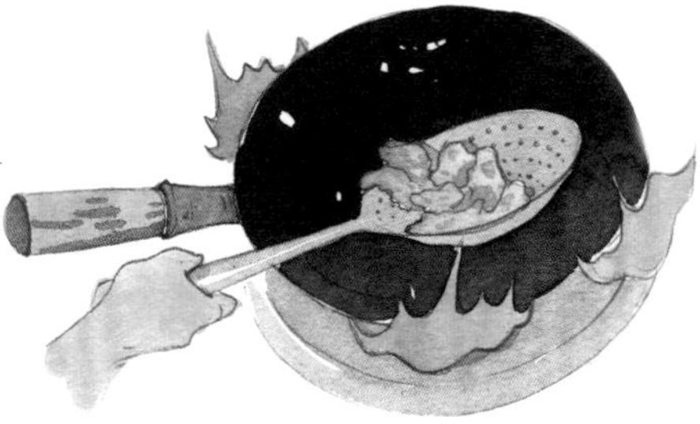

Step 6.

开大火将油烧至微微冒烟，放入肉片复炸至边缘微焦后立刻捞起。油温的控制非常关键，第一次炸时油温切不可过高，而复炸时油温则必须高一些，这样的肉片才会松脆可口。

Step 7.

放入少许的油，温热后再放入糖与米醋熬汁至粘稠，接着放入切好的葱、姜与胡萝卜丝。

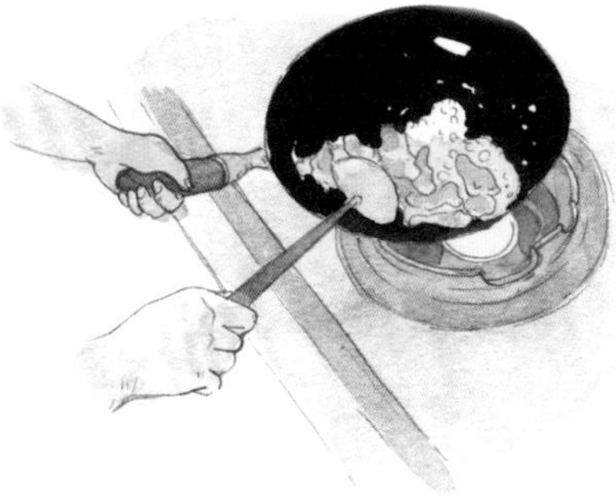

Step 8.

开大火，立刻放入炸好的肉片，迅速翻炒片刻以挂汁，然后盛出装盘。若能颠勺就最好啦，这样可以保证以最快的速度挂汁而不破坏酥脆感。

外酥里嫩，包裹着酸甜馥郁的糖汁，一种久违的喜悦从内心油然而生！

奇怪，同样的食材，同样的步骤，为什么师傅做得就这么好吃？难道真的有秘方吗？
哈哈哈，真是太棒了！果然是好吃得……就像回到了小时候啊！
哈哈哈！那干脆把秘方告诉你好啦！

“忘掉那些细节，一心去想着做一道美味！”这就是店老板的秘方。

宫崎先生又一次找到了灵感。回到家后，他给太太和女儿也做了锅包肉，听他说虽然没有店老板做得那样好吃，但家人还是爱吃得不得了。至于他的画展嘛，当然是不负众望，而且据说还很别出心裁呢。

“无论做什么事，当然应该追求完美，但要是忘记了初衷，那一切努力就都变成徒劳啦。”

小鸡炖蘑菇

「去保护这片人与动物共同的家园。」

难度指数：

辣　　度：

香料指数：

烹饪时间：约 60 分钟

地　　区：吉林省－大兴安岭

食材：

整鸡或鸡腿肉，榛蘑或松蘑，东北宽粉条。

配料：

老抽酱油、烧酒、花椒、大料、葱姜等。

小鸡炖蘑菇，不仅是关东久负盛名的菜品，也是寻常百姓家中温馨的味道。淳朴、真挚的馨香来自榛蘑与松蘑。这些采摘自北方林区的蘑菇，在晴朗的秋日晾干后不仅可以贮存相当长的时间，而且会有一种特别浓郁的香味，给菜肴添上几分山野的味道。

冬季的大兴安岭林区一片寂静，护林人小屋就坐落在这白雪皑皑的密林深处。护林人张老伯和他心爱的老伴已经在这里驻守三十个年头了。

“曾经的林子比现在还要广袤，那时的我还是个俊小伙，但我可不是什么护林人，恰恰相反，我那会儿是个猎人。而且是个神枪手，什么都不怕，什么也不放过。”

“年复一年，能打到的猎物越来越少，设的陷阱也常常落空，就好像整个山林和野兽都在和我们作对一样。

“忽然间，雪地塌了下去，我掉进了一个不知谁设的捕老虎用的巨大陷坑里。猎人，如今却成了猎物。”

“我忍着伤痛爬了出来，在寂静的林子里艰难地往回走着。而我做梦也想不到的是，竟然会在这遭遇老虎。一定是我们在这片林子中猎杀的动物太多，犯下了太多的罪孽，如今山林的守护者要来把我吃掉了。”

“我当时就那么一直看着它，它也在看着我。它的眼睛，充满了绝望、无助与悲伤，就像当时的我自己。我们就这样对视，直到它的小虎崽从后面追赶上来。它竟然还是个妈妈。”

那是一只瘦骨嶙峋的老虎，看上去肚子已经很饿了。可它只是那样看着我，朝我眨了眨眼睛，然后便扭头带着它的孩子艰难地朝远方走去，最后消失在密林的深处。我不知道它为什么不吃掉我，也许是留给我赎罪的机会。

从那之后，我再也没见到过它们，也许是离开了，也许是……
唉，我们当时真是罪孽深重，差点毁了这片林子，真希望它们能好好地活下去啊！
你大叔从那以后就不再打猎了，做起了护林人守护这片林子。
比起之前做了些什么，更重要的是以后怎么做。我觉得您做了一个无比正确的选择。

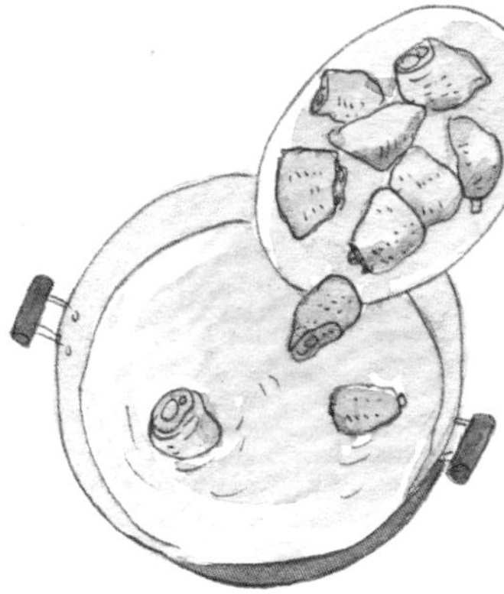

Step 1.

将切成大块的鸡肉放入锅中，加入冷水烧开。然后沥干水以备用。

Step 2.

倒入一锅底的油，将葱、姜、花椒、辣椒放入煸香，接着放入煮好的鸡块，中火翻炒至表面呈金黄色。

Step 3.

倒入少许的老抽与烧酒，继续翻炒片刻使老抽颜色均匀地附着在鸡肉上。

Step 4.

向锅中加入热水,以将近没过鸡块为宜，然后大火烧开。

Step 5.

开锅后，放入泡发好的榛蘑、粉条与土豆。接着转入小火炖制。

Step 6.

小火炖制约15分钟后，根据个人的喜好放入适量的盐与糖调味。接着盖上锅盖继续小火炖制约15分钟。

Step 7.

最后大火收汤，再撒上些香葱，一道充满了山野淳朴气息的菜肴就做好啦！

产自东北山区，味道馥郁的榛蘑和松蘑是烹饪此菜的不二之选。用热水可以将干蘑菇快速泡发好，而冷水泡发则可以最大限度地保留蘑菇原本的鲜香。在泡发时放入少许的糖或盐，可以得到更好的效果。此外泡发用的水也可以一起倒入锅中，这样的汤汁会更加鲜美。

张老伯告诉我，老虎的那双眼睛他永远也忘不了，似乎在向他无声地述说着什么。那一刻他恍然意识到正是他们过去的肆意砍伐、杀戮，才使得曾经生机盎然的山林变得没落。他相信当年老虎没有吃掉他是因为有更重要的使命交给他——去保护这片人与动物共同的家园。

雪衣豆沙

『里面藏着惊喜，像地宝一样美妙。』

难度指数：

辣　　度：0

香料指数：0

烹饪时间：约 30 分钟

地　　区：吉林省 - 长春市

食材：

红小豆或红豆沙馅、鸡蛋。

配料：

白糖。

在关东的各种菜品中，雪衣豆沙也许是最特别的。它没有北方民族的浓厚炖料，也没有大刀阔斧的粗犷，取而代之的是雪白绵软的外皮和香糯的豆馅儿，就像午后的阳光，温暖、让人怀念。

小时候，大孩子们经常玩跳皮筋、丢沙包什么的，一般是不愿意带我这种只会添乱的小鬼一起玩的。不过小孩也有小孩的玩法，例如“埋地宝”，可能这个游戏如今都已经失传了。

首先，在沙地上挖一个坑。

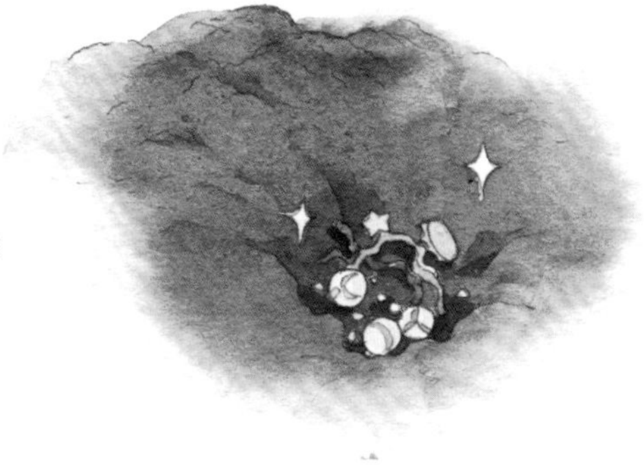

接下来，把亮晶晶的东西，例如玻璃弹珠、金纸碎片、瓶盖等等，放进挖的坑里。

然后要收集一些玻璃碎片，运气好的话能捡到啤酒瓶底，总之，玻璃碎片要足够大，至少要跟挖的坑差不多大。

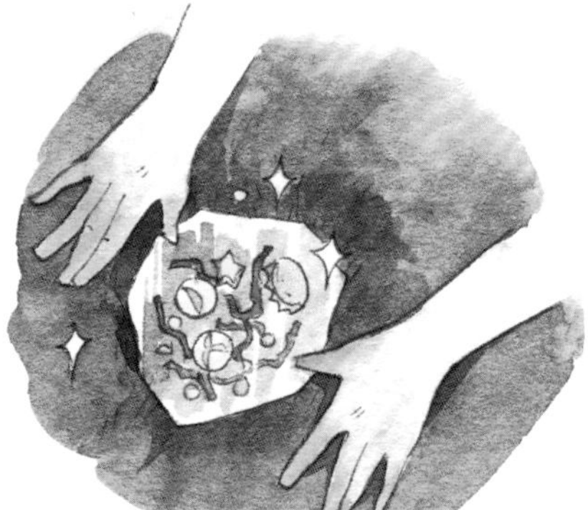

盖上玻璃片，基本就完成了。最后还要用土把它埋起来。

我家住二楼，一楼的邻居大婶总是看不惯我在她家园子前玩，有时还跟我妈告状，有时会找一些理由妨碍我的游戏进度。

到吃饭时间，妈妈往楼下一看，就发现我了，喊我回家吃饭，可是我还没玩够呢。

妮~回家吃饭了!

我还不知道用什么来做记号，方便下次找到地宝。

呦！这不是埋地宝的游戏吗？我小时候也玩过这个。
是呀，就差做个记号了！

用这个！
一般人我不告诉他，这可是独家秘密。
酷毙了！

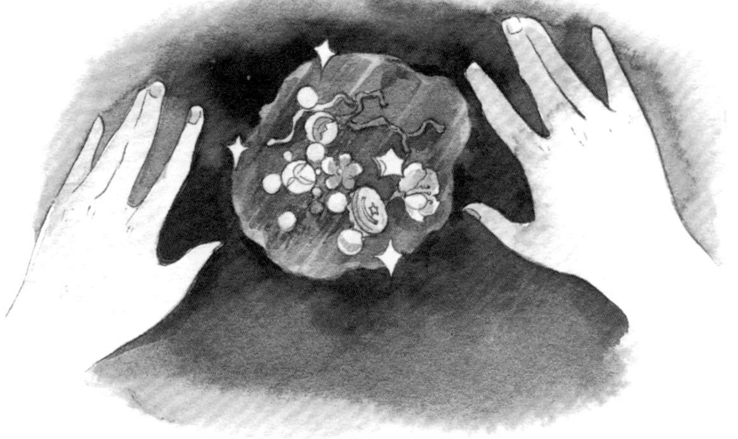

大人不会觉得这个游戏好玩，大概是因为他们经历得太多，生活中很少会有让他们惊喜的事情，然而小孩子却觉得生活中到处都是惊喜，就像第一次认识这个世界一样。埋地宝对我来说是种极其美妙的体验，尤其是通过之前的记号找到它的位置，重新扒开沙土的瞬间，可以看见阳光透过玻璃闪耀的美丽，而这个地宝只有我知道，啊不，现在多了一只小熊猫。

哇！雪衣豆沙！
先洗手！

吃雪衣豆沙时，咬下去露出甜甜的豆沙馅，同样会给我带来惊喜。

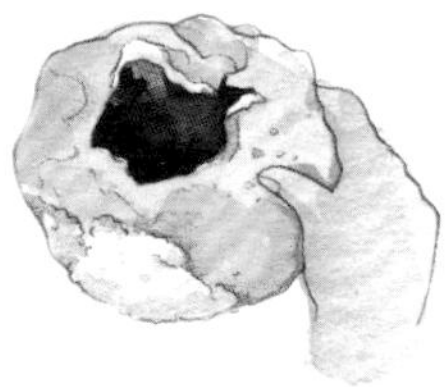

妈妈，豆沙是怎么放进去的？
我可以教你呦。

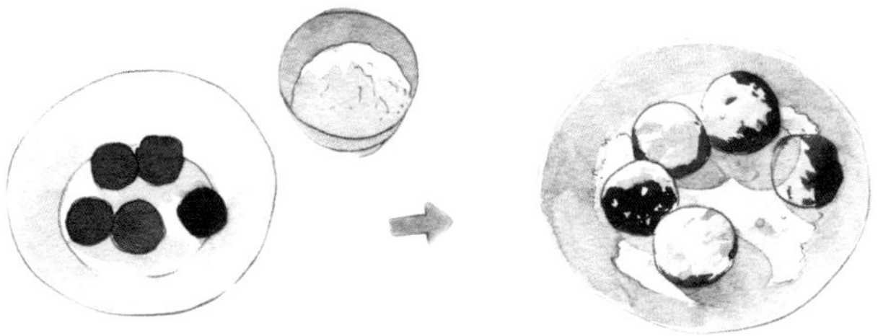

Step 1.

事先将红豆馅捏成汤圆大小的圆团，再滚上一层淀粉以备用。豆馅可以自己制作，也可以购买现成的红豆沙馅。

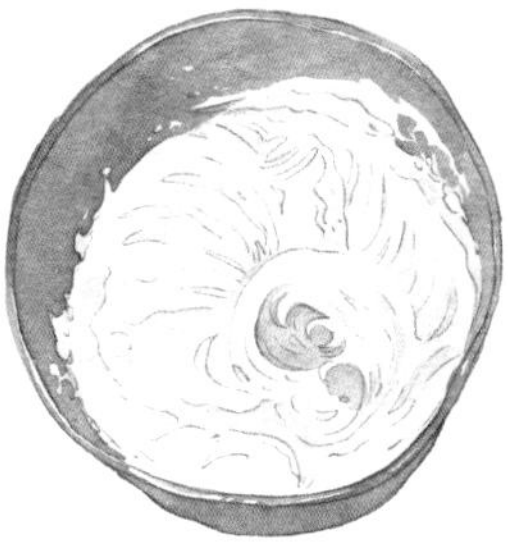

Step 2.

将蛋清与蛋黄分离，通常每五枚鸡蛋的蛋清，大约可做十枚雪衣豆沙。用打蛋器（手动、电动均可），顺时针匀速搅拌蛋清，直至蛋清呈现出奶油一样细腻绵软的质感。

特别需要注意的是盛鸡蛋清的器皿中绝不能有油或水，否则将会使口感大打折扣甚至完全不能成形。

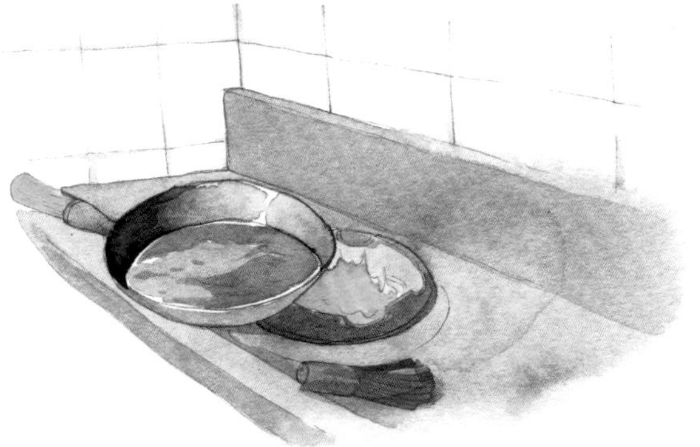

Step 3.

油温不能过高，煮沸之后离火稍微冷却一下，油一定要选择颜色接近无色的色拉油或其他食用油。古时候人们做在这道菜时会选用猪油，因为只有浅色的油才能炸出接近雪白的外皮。

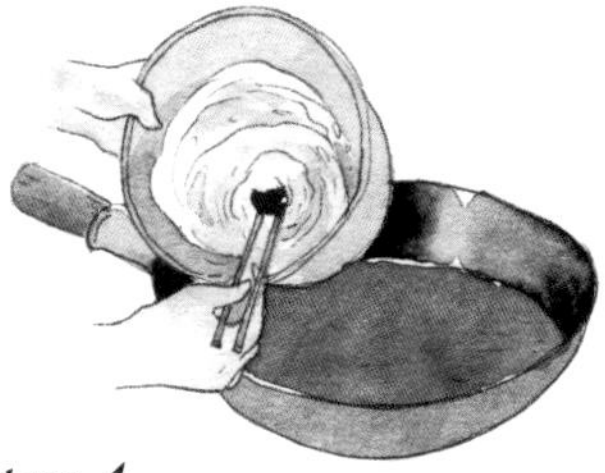

Step 4.

用筷子夹着豆沙球放入打发的蛋清中蘸成团状。

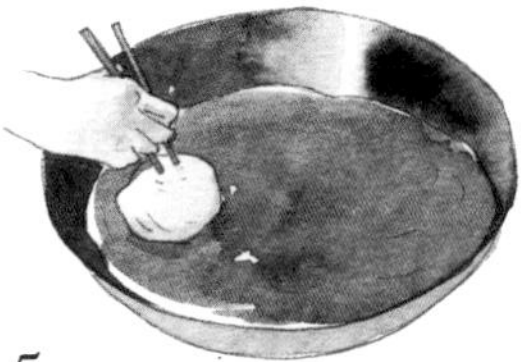

Step 5.

放入烧开的油锅中轻轻抽出筷子

Step 6.

同样的方法，依次将裹上蛋清的豆沙球放入油锅，保持均匀受热。

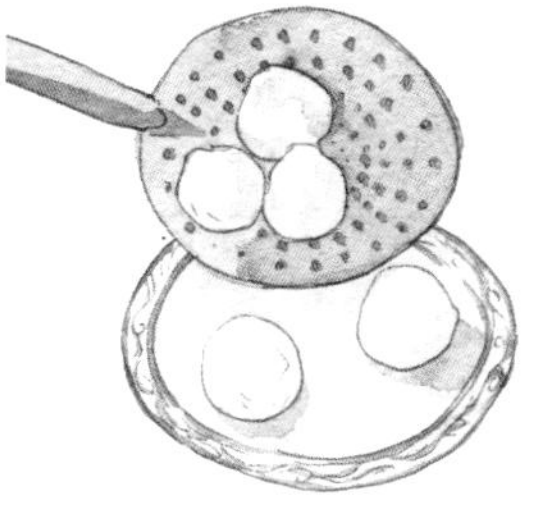

Step 7.

大概1分钟左右就可以用漏勺捞上来放进盘子里，在上面撒上白糖。雪衣豆沙刚出锅时是圆润的白球，待接触空气冷却后就会回缩，带有自然的褶皱。

茶叶蛋

『也许天下没有不散的宴席，善意与爱却可以传递下去。』

难度指数：0

辣　　度：0

香料指数：

烹饪时间：约 40 分钟

地　　区：吉林省 - 长春市

食材：

鸡蛋6枚。

配料：

下面为您提供三种不同的制作配方，它们分别取自不同的地区。

1.红茶约10克，酱油、料酒、姜、花椒、大料、丁香、茴香。

2.红茶约10克，老抽酱油、黄酒、姜、肉桂、香叶、茴香、糖、盐。

3.绿茶约20克，料酒、姜、桂皮、小茴香、陈皮、糖、盐。

要问哪一种食物最能代表中国人的生活方式，我一定会选茶叶蛋。在中国随处都能见到它的踪影，无论是寻常百姓还是达官贵人，都曾在早餐时品尝过它的味道。茶叶蛋是中国最受欢迎的民间小吃，是一种朴实且自然的美味，就像埋藏在内心深处的善意，不分贫富尊卑，存在于每一个人的心里。不同的季节与地域，制作茶叶蛋的方法也大相径庭，南方喜欢用绿茶，这样的茶叶蛋清新淡雅；而北方喜欢用红茶，因为这样更香醇浓厚。

放学后，和小伙伴们跑到铁道旁，看着火车“隆隆”驶过，这在童年时期可是一件无比快乐的事情。

哇！！这可是非常少见的蒸汽机车呢！

趁着扳道员大叔外出，我们悄悄潜进他的屋子偷吃茶叶蛋。

哈哈，别看那大叔长得傻乎乎的，茶蛋做得可真香！
喂！快点！他回来了！

当然，扳道员大叔可不喜欢小孩子跑到铁轨上玩耍，更不喜欢有人偷吃他的茶叶蛋。

快快，他追上来了！
喂！你们几个臭孩子！知不知道这里有多危险！不要再来这玩啦！

后来扳道员大叔勉强允许我们放学后来铁道旁玩耍，但他一吹哨，我们就必须立刻离开轨道，进入安全区域。（铁钉放在火车道上被压扁后，就变得像把剑一样了，男孩子很喜欢这些。）

危险动作
切勿模仿!
啾啾～喂，回来咯！火车来啦!
走，看火车去!
鸣
等一下！就一会儿，我的铁钉还没摆好呢!

我们渐渐发现，他虽然长得傻乎乎的，但实际上是个和蔼又细心的大叔。他常常领着我们一起去给铁道做些简单的养护，再带上一盒他最拿手的茶叶蛋招待我们。

累了吧，快来尝尝，今早新煮的呢!
大叔，您的茶叶蛋做得真香啊!

Step 1.

先用清水将鸡蛋煮熟。

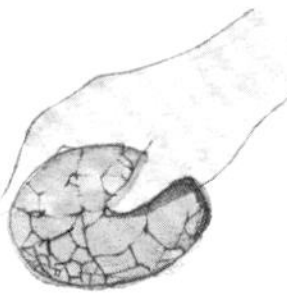

Step 2.

将鸡蛋的外皮轻轻敲裂，这样做能使鸡蛋更加入味。

Step 3.

将配好的调料放入纱布袋或者带漏眼的专用调料皿中，放入茶叶、料酒以及酱油，小火煮制约30分钟。煮好后可以将茶叶蛋一直放在锅内等其自然冷却，这样鸡蛋会更加入味。

可是那天下午，大叔却一反常态，粗暴地将我们轰了回来，还告诫我们以后再也不允许去那里玩耍。

我们都很失落，不仅仅是因为没有了玩耍的地方，更是因为失去了一个朋友。

几天后，我们再也按捺不住了，做了一盒茶叶蛋打算给大叔送去赔礼道歉。

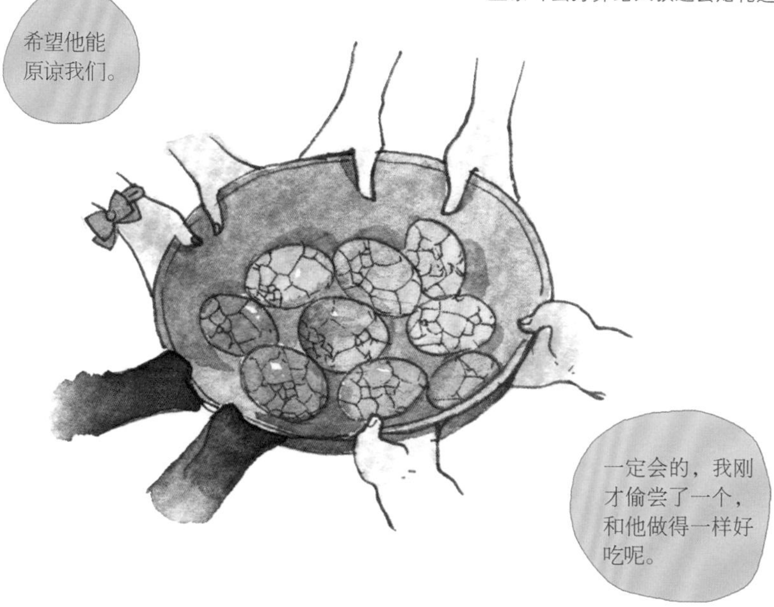
希望他能
原谅我们。
一定会的，我刚
才偷尝了一个，
和他做得一样好
吃呢。

当我们来到大叔的小木屋时，却发现大叔正在收拾行李准备离开这里。

啊？你们怎么
回来了？
大叔……您要
走了吗？

大叔说这里马上要换成电子控制，所以就不再需要扳道员了。他非常担心他走以后我们还会经常来这玩耍，那实在是太危险了，所以那天他才会想出这样的笨办法来，以为能吓住我们。

傍晚，大叔要搭乘的顺路车准时抵达，本以为就要这样子告别了，没想到大叔却临时做出了一个让我们喜出望外的决定。

也许天下没有不散的宴席，但善意与爱却是可以传递下去的。

饺子

「一箪一食，永不敢忘。」

难度指数：

辣　　度：0

香料指数：

烹饪时间：约 60 分钟

地　　区：东北

食材：

制作一道水饺，您可以在超市购买现成的饺子皮，它们的味道通常也很好，只不过会比家庭手工制作的要略厚一些。最经典的三鲜水饺，需要用到干贝、干虾仁、猪肉以及韭菜。

配料：

调配馅料需要用到酱油、香油、料酒、葱、姜、五香粉或胡椒粉，蘸料需要用到酱油、醋、香油和蒜。

饺子，是中国最受欢迎的美味面食，中国人食用饺子已经有超过1800年的历史了，它曾经从丝绸之路远传至西亚与欧洲，后来又被人们带到了美洲。然而这道古老的美食并没有因岁月的流逝而黯淡，相反，如今它越发受欢迎了。不同的地域在饺子的制作与馅料的调配上有着许多不同。

小时候爱吃饺子，更喜欢包饺子时听长辈讲故事，每吃一次饺子，听来的故事就多一个。

听故事可以，不过一会儿要帮忙哦！
爸爸，给我们讲个故事呀！

其中一个故事是……

从前有个小偷，经常去偷一户人家，也是蹊跷，别的不偷，光偷吃的。

再后来，这户人家每次做饭菜时就多留一份。

这一定是个可怜的孩子，吃不饱饭，以后就多做出一份给他吧。

第一次留两份的时候小偷发觉了，没动。

过了几天，小偷又来了，这次拿走了一份饺子。

一直到这户人家搬迁，长达2年。

过些天就要搬迁了，也不知道今后这孩子去哪吃饭。

搬家前一天，这户人家在厨房收到一个大包裹。

纸条上写的什么？

有心一算，正好是这两年的饭菜钱。还留了一张纸条。

字条上写的什么呀爸爸？
别急，包完饺子接着给你们讲。

Step 1.

将温水倒入面粉中，搅拌均匀。

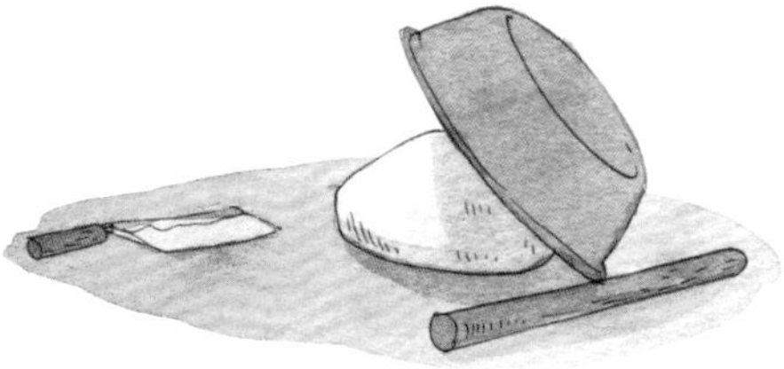

Step 2.

揉成一个面团后，用东西盖上，醒30分钟。

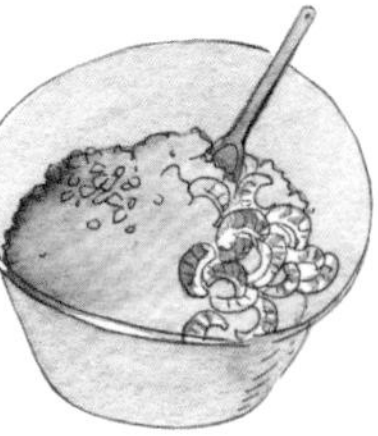

Step 3.

饺子馅可以根据自己的口味来加入猪肉、牛肉、鲜虾、干贝、韭菜、鸡蛋等等。放入适量的酱油和香油，搅拌均匀。

Step 4.

醒好的面切成小段，再压扁成圆形。

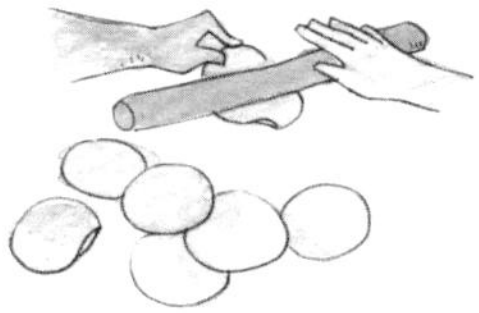

Step 5.

用擀面杖将面饼擀成中间略厚，四周薄的饺子皮。

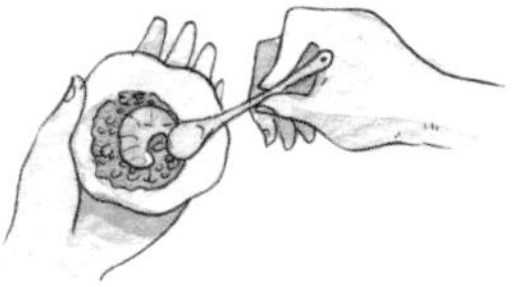

Step 6.

将适量馅料放在饺子皮中间，不能太多，否则包不住就漏出来了。

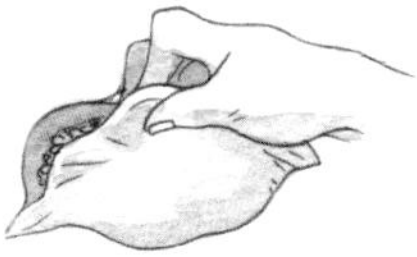

Step 7.

把两边的中间位置对折捏好。

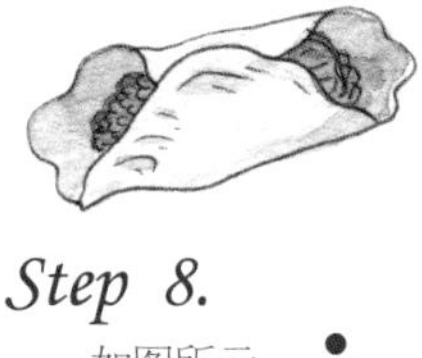

Step 8.

如图所示。

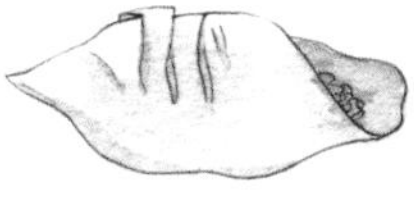

Step 9.

选择一边，先捏出褶皱。

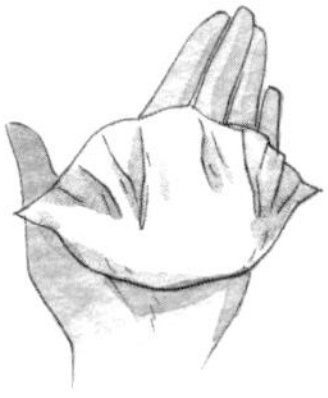

Step 10.

捏另一边，饺子就完成了。

Step 11.

水烧开后就可以下饺子了。

Step 12.

饺子放到锅里之后，再次沸腾的时候，倒入一些清水，使之重新煮沸，反复三次就可以捞上来。

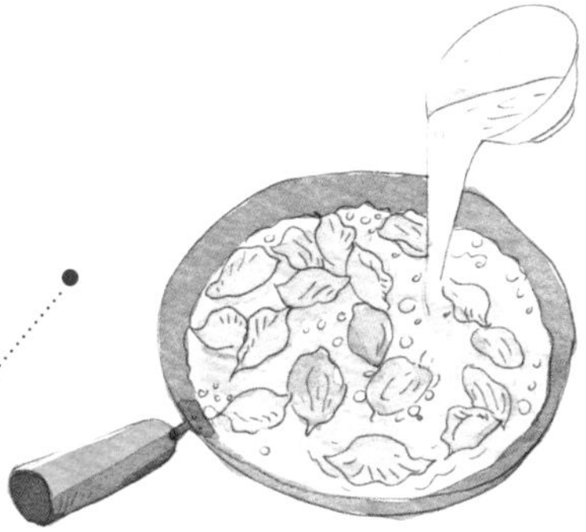

夏天最喜欢吃三鲜虾仁馅饺子。
这是我包的金鱼饺子！
爸爸！字条上到底写的什么呀！
谢谢恩公
壹箪壹食
永不敢忘

一人食小札

2017年10月19日 晴

加班到很晚，喜欢一家一家搜罗街边的深夜美食。

黑色幕布下飘着香味的点点灯光，

血肠、锅包肉、鸡汤豆腐串，

每个人的料理，好像都有故事呢！

你问我孤不孤单？有时候，还是有一点吧……

2017年12月31日 小雪

下雪了，又一年。

我搜罗了一下冰箱中的食材，动手做出了一桌简单菜肴。

楼道里碰到隔壁跟我一样落单的两个姑娘，拉她们来家里一起吃新年饭，烫火锅。

她俩说，有家的味道。

新年好，祝我们快乐。

后记

料理，是件创造快乐的事。
无论是春节还是中秋节，
无论是生日还是婚礼，
总是少不了一顿丰盛的饭菜与欢声笑语。
不同的食材，不同的调料，按照不同搭配料理出不同的菜肴，
然而却都饱含着同样的爱，对生活，对家人、朋友的爱。
用心去料理，这就是料理的奥秘。
准备好料理了吗？

吴晓洲
2017年10月10日

非常热爱美食，书中不少故事都是以现实为依据，如锅包肉（李记大厨）、雪衣豆沙（齐家铺子）等等，并且还亲自去各个餐馆后厨拍了制作过程的照片，欢迎前来品尝。

总的来说，这部绘本有非常多的不足之处，不过也算是出于对家乡、对美食的热爱才创作完成的。希望读者们能感受到我们吃货的心情，多多包涵，谢谢大家！

王贺

2017年9月27日

图书在版编目（CIP）数据

一箪一食 / 梦游兔著 ; 吴晓洲编著.
-- 武汉 : 湖北美术出版社, 2018.2
ISBN 978-7-5394-9371-8
Ⅰ. ①一…
Ⅱ. ①梦… ②吴…
Ⅲ. ①饮食—文化—东北地区
Ⅳ. ① TS971.202.3
中国版本图书馆 CIP 数据核字（2017）第 304568 号

责任编辑：熊晶
技术编辑：范晶

策划编辑：张海燕
执行编辑：丁琪德
装帧设计：秦天明

一箪一食
梦游兔 / 著 吴晓洲 / 编著

出版发行：长江出版传媒 湖北美术出版社
地　　址：武汉市洪山区雄楚大街 268 号 B 座 18 楼
出　　品：湖北知音动漫有限公司
（武汉市东湖路 169 号）
电　　话：027-87679541
传　　真：027-87679529
邮政编码：430070
印　　刷：武汉市金港彩印有限公司
经　　销：全国新华书店
开　　本：889mm×1194mm　1/16
印　　张：7.5
版　　次：2018 年 2 月第 1 版　2018 年 2 月第 1 次印刷
定　　价：36.00 元